# 水俣病小史

二塚　信

新熊本新書

1

熊本出版文化会館

# はじめに

「また水俣病か」――これは、昨年刊行された高峰武氏著『水俣病を知っていますか』の冒頭に記されたフレーズである。率直に言って県民の多くはこのような感想を持っているはずである。しかし、自らを省みて、二〇一六年、公式発見六〇年を迎える水俣病の歴史をどれほど知っているだろうか。現在、メディアでは改めて様々な六〇周年キャンペーンが二〇一七年にかけて打たれているが、既に聞いたような薄っぺらなステレオタイプなものが少なくない。

実は、昭和四三年一〇月に熊本大学医学部公衆衛生学教室は、冨田八郎氏による合化労連機関紙「合化」の連載「水俣病」の一三号（六月刊）に「水俣病年表」を掲載している。このまえがきに冨田氏（実は宇井純氏であることは知る人ぞ知る）は、「私たちとは全く別のグループで、社会医学的な問題として水俣病事件の経過をこくめいに追究している労作があった。それがここに紹介する熊本大学医学部公衆衛生学教室の野村茂教授、二塚信氏の作った水俣病の年表である。これは現在までの水俣病に関する資料のうちで、最も精密で包括的な年表である」と紹介している。

私は、いま改めて国が公に「水俣病はチッソが排出したメチル水銀による」と認めたその年に作成したこの資料を、後日明らかになった事柄を用いて脚色せず、その要所の点描を試みた。水俣病の歴史は容易に語りつくせないことは申すまでもないことではあるが、読者に認識を新たにして頂ければ幸いである。

著者

## 水俣病小史／目　次

## 水俣病前史

明治四一年、東京大学工学部出身で気鋭の技術者・野口遵は、寒村であった水俣村にカーバイト工場を、翌四二年にはフランクカロー式製造法による肥料工場を建設、日本窒素肥料株式会社が発足した。これは水俣川、球磨川、川内川の豊富な水と八代・葦北の石灰岩、地域の豊富な労働力によるものである。

大正九年には付属診療所が開設されている。工場付属の医療機関は珍しい時代である。わが国では、大正一三年に内務省医務官の鯉沼卯吾らが東京大学精神科の呉秀三の症例報告を受け、初めて水銀取扱い工場の健診を行ない、中毒率一〇%と報告している。大正一五年には、それまで数年来、工場に漁業補償を申し入れていた水俣漁協は、困窮のため補償要求を取り下げ、永久に苦情を申し出ないという条件で、会社から見舞金として一五〇〇円を受け取っている。工場排水による漁業被害と漁民との補償問題は、当時から繰り返されていたことが分かる。

昭和二年、金融恐慌のなか、日本窒素は朝鮮肥料会社を設立し、事業主体を興南に移し、従業員四万五〇〇〇人を要する東洋一の巨大な電気化学工業コンツェルンを形成した。昭和七年には、水俣工場で問題のアセトアルデヒド生産が開始されている。昭和一五年には平塚で井戸水飲用による集団マンガン中毒が報告された。これはわが国初の飲料水による重金属中毒事件である。

この年には、熊本大学の研究に大きな示唆を与えることになるHUNTER, BOMFORD, RUSSELLがイギリスの農薬工場における有機水銀中毒四例の臨床像を報告している。また、この年には、国鉄が肥薩海岸線として水俣まで開通している。しかし、二〇年三月から八月にかけて五次にわたる空襲により、工場は壊滅状態に陥った。

二〇年の敗戦で海外資産をすべて失った日窒は、政府の傾斜生産方式で重点とされた肥料を始めとする国内需要に支えられて、生産の立ち上がりも早かった。朝鮮から引き揚げてきた幹部・技術者が水俣工場の指導層になる。二一年にはアルデヒド酢酸設備の増産が図られ、排水を百間排水溝に流し始める。この年には、保健所法や後に問題になる食品衛生法が制定されている。二三年には日窒診療所は水俣初の総合病院になる。院長は水俣病の原因究明に大きな役割を果たすことになる東京大学出身の細川一氏である。二四年には、水俣に市制施行、水俣市が人口四二、一三七名で発足している。この中には、朝鮮肥料から復帰した労働者が多数含まれる。文字通り日本窒素城下町の誕生である。日本窒素は二五年には財閥解体により、一旦解散し、企業再建整備法で新日本窒素株式会社（新日窒）として再発足している。

二五年には水俣保健所新庁舎が落成し、本格的な活動を開始した。後に伊藤蓮雄所長を先頭に、第一線で熊本大学の研究を支えることになる。また、二七年には、新日窒病院に代わって水俣病患者の医療を担うことになる水俣市立病院が着工されている。なお、注目すべき事例として、二四年に浜名湖のアサリ貝より死者が出る中毒が発生、静岡県は貝類の採取・販売・移動を禁止し、さらに二五年にも患者一二人が出ると、食品衛生法により、浜名湖内の該当区域の貝類の販売を禁止している。

## 水俣病の予兆

昭和二九年八月一日の熊本日日新聞に「猫てんかんで絶滅　水俣市茂道　ねずみの激増に悲鳴」の記事が掲載される。水俣病に関連した日本で初めての記事である。実は、のちの公式確認後の三一年の現地調査により、二八年にはネコの異常が茂道、出月で観察され、その年の一二月には、五歳の女児が発病していることが確認された。この二九年には、HUNTER, RUSSELL が先の農薬工場の有機水銀中毒死亡例の病理所見を報告している。また、この年はビキニ海域での水爆実験により、マグロを始めとする魚介類の放射能汚染が大きな社会問題になった年でもある。また、四日市の旧海軍燃料廠跡がシェル・三菱系石油関連資本に払い下げられ、石油コンビナートの造成が始まり、電気から石油へのエネルギー転換が始まろうとしていた。

昭和三〇年は日本生産性本部が発足し、新日窒は、製品売上高が一〇〇億円を突破するなど「もはや戦後は終わった」と称揚され、高度経済成長が始まった年である。通産省は合成樹脂育成策を決定している。因みに福岡県では公害防止条例が施行された。全国初であるが、かように北九州工業地帯は大気汚染と洞海湾の汚染が市民の生活と健康を損なっていたことを示している。

実はこの年の七月に、熊本大学付属病院に二名のいわゆる水俣奇病患者が入院し、一ヵ月で軽快退院、本態不明とされている。既に予兆は見えていたのである。一二月には、厚生省の生活環境汚染防止法案が経団連、日本化学協会（日化協、のちに頻出）などの反対で採択見送りになっている。

## 水俣病公式確認

明くる昭和三一年は、水俣病の歴史で大きな節目の年である。五月一日、新日窒附属病院より脳症状を主訴とする原因不明の患者四名が発生し、入院した旨、水俣保健所に報告される。この日が水俣病公式確認の日とされる所以である。水俣保健所は調査に乗り出すが、原因不明。一三日には熊本大学医学部内科・小児科の教授が診察するが、病名不明。二八日に水俣保健所を中心に水俣医師会、水俣市立病院、新日窒病院で水俣奇病対策委員会が設置され、現地調査に乗り出す。七月一日の熊本日日新聞は「水俣の奇病患者八名に」と報じる。さらに、六日には「新日窒水俣工場で塩化ビニールとオクタノールの大増産」と、まことに皮肉な記事も見られる。八月三日には熊本県衛生部は厚生省に水俣奇病の実態を報告している。

八月二四日に熊本県の依頼により熊本大学医学部に水俣奇病研究班が設置された。班長は医学部長で、微生物、小児科、内科、病理学教授が現地調査。現地の飲料水、海水、土壌、魚介類の検討を微生物、衛生、公衆衛生で開始。患者を学用患者として附属病院に入院と決定し、医学部挙げての研究体制がしかれた。

保健所は、全患者を伝染病の疑いのもとに伝染病棟に収容。これが、患者への例を見ない差別・偏見へと繋がっていくことになる。九月二日には死亡患者の病理解剖が初めて行なわれる。八日の熊本医学会例会において、細川院長の実態報告、武内教授の病理報告、勝木教授の臨床報告がおこなわれた。

この九月には水俣市議会で水俣奇病問題を初めて議論している。朝日新聞は「ボラ漁さっぱり。新日窒のカーバイトの燃えかすのせいと漁民」と漁業不振の状況を報じている。

一一月四日に熊本大学の水俣奇病研究班の第一回研究報告会が開かれ、早くも「ある種の重金属、ことにマンガンによる中毒が最も疑われ、人体への侵入は魚貝類によるものと推定」と報告。これを受けて、熊本県衛生部は水俣奇病を伝染性疾患として予防課で主管したものを公衆衛生課に移管、水俣湾の魚貝類は危険との通告を発した。併せて、引き続き原因究明を熊本大学に依頼した。この一一月には熊本日日新聞は「水俣の奇病　伝染性のものではない　ビールス発見できず　中毒に研究の重点を」、毎日新聞は「水俣漁民　出漁をやめ生活危機」と報じた。当時、水俣には水俣タイムスという独特の取材網を持つ地域新聞があり、「奇病特集」を行ない、「実際患者は一〇〇名以上」と報じている。

## 原因物質の究明と対策の模索

翌三二年には国を始め各方面の動きがさらに活発になる。一月二五日に厚生省は厚生科学研究班を結成して第一回の研究会が開催され、国立予防研究所、国立公衆衛生院、熊本県衛生部、新日窒病院、水俣市、熊本大学が今後の原因究明方針を検討、「マンガン説が有力視されるも、実験病理学的に疑問」と発表する。この月には、熊本大学研究陣が熊本医学会雑誌に第一報を報告している。他方、二七日には水俣漁協が新日窒に対して、水俣湾の魚介類の激減が工場からの汚悪水の影響として、海面放流の中止、流す場合は浄化装置を施すとともに、その証明をするよう申し入れている。

二月二六日に水俣奇病研究班の第二回研究会が開かれ、「原因物質の決定には至らないが、少なくとも水俣湾内の漁獲は禁止する必要がある」と結論している。熊本県はこの結論を受け、水俣湾における漁獲物に関する販売について強めの指導をする方針を決定する。二月一五日には水俣では奇病に関する初の対策協議会が開催された。市長、市議長、新日窒病院長、市議会経済・厚生委員長、市医師会長、新日窒総務課長、県水産課、県漁連、警察署長、水俣漁協が出席。漁協より、生活困窮者に対する生活保護法の拡大、転業資金の斡旋融資、工場排水の浄化装置設置、一般の誤解是正を訴え、「全国民にこの窮状を訴えて支援を仰ぐ」との宣言を決議している。同一五日、新日窒は一月二七日の漁協申し入れに対して、「水俣湾の海水は二三年当時と全く変化ない。仮に海水から毒物が検出されれば善処する」と回答している。

三月四日、熊本県にも水俣奇病委員会が設置され、副知事、衛生部、民生部、土木部、経済部より構成。病原の究明、患者並びに家族の措置、漁業被害に対する転職、転業、漁場の斡旋等の措置、港湾内の浚渫工事に関する処置、生活保護家族に対する援護対策に当たる方針を決定する。ここに、水俣市及び熊本県の水俣病に対する体制が整ったことになる。

一方、国の段階では、この三月には国会の社会労働委員会、熊本県議会で初めて水俣奇病問題が取り上げられ、積極的な施策が要望されている。一九日には厚生省食品衛生課が現地調査、国立公衆衛生院の技官が熊本大学研究班と打ち合わせを行なっている。また、水俣市議会に水俣奇病対策協議会が設置された。

三月末には、厚生科学研究班は「熊本県水俣地方に発生した奇病について」を厚生省に提出、水俣湾において漁獲された魚介類の摂取による中毒。汚染しているのはある種の化学物質ないし金属類と推測、今後、疫学、病理学、毒物学的究明が必要、新日窒水俣工場の十分な実態調査が必要としている。

四月には、熊本日日新聞が「セレニウム中毒か熊大医学部　水俣の奇病に警告」と原因物質究明の難しさを報じ、NHKは「現代の映像」で水俣病特集を放映し、ようやく全国の耳目を集めることになる。五月には、文部省科学研究費、厚生省の厚生科学研究費の支給が決定し、熊本大学研究班に財政的な基盤がようやく確保された。六月、熊本医学会雑誌に、熊本大学研究陣の第二報が公にされ、研究班の第三回研究報告会で武内教授の指導の下、伊藤保健所長による現地の魚介投与によるネコ動物実験での水俣病発生確認が報告された。

六月二五日の熊本日日新聞は、「奇病ノイローゼで首つり　自分も奇病にかかっていると神経衰弱になり死ぬとの遺書を残して縊死　水俣市」と現地を覆う不安を報じている。続く八月一三日に熊本日日新聞は、「水俣湾の漁獲を禁止　近く知事告知生きてゆけぬ七〇戸」と報じ、事実、熊本県議会経済委員会は八月三〇日、食品衛生法に基づき「販売の目的を以ってする水俣湾内の漁獲禁止」措置を決定した。この決定に基づき熊本県は厚生省に食品衛生法の適用について問い合わせをしている。厚生省公衆衛生局長の回答は、「水俣湾の魚介類のすべてが有毒化しているという明らかな証拠が認められないので、適用はできない」とする、後に批判の的になる不可解なものであった。

九月には新たな患者の発生が確認され、水俣奇病研究委員会は秘密会で「今後、保健所に変調との届け出がある場合、関係医師三名以上が診断に立ち会う」との申し合わせをしている。熊本日日新聞は九月四日、「水俣の奇病　新患者が発生　魚介類食べずに　地元民にショック」と報じた。因みにこの九月現在の確認患者は四七名であり、これをきっかけに一〇月、一二名の患者が追加確認された。なお、この三二年には獅子島、御所浦島、葦北郡湯浦町福良で猫の集団発病が認められている。他方、新日窒は、オクタノール月産五〇〇トン、DOP四〇〇トンに達している。

例の水俣タイムスは「海軍施設部と関係なし　中村正元海軍中将墓参に来水　原因は水俣湾内の旧海軍の爆薬かとの橋本市長の疑問に反論」と報じた。橋本市長は元新日窒工場長であり、中村氏は翌年橋本氏を破り水俣市長になる人である。この時、すでに日化協がのちに執拗に反論の材料とする爆薬説が公然と囁かれ始めていたのである。

一二月六日の熊本日日新聞は、「漁法転換暗礁に乗り上ぐ　県、鯛吾智網認めず　怒る漁民　準備万端整えたのに」と漁法の転換の難しさを報じている。国は年の瀬も迫った一二月二七日に水質汚濁防止法を公布した。

### 法的規制ならず

三三年二月一〇日に熊本県水俣病対策連絡会では水俣港災害復興事業（浚渫）について打ち合わせている。年度末、新日窒は製品売上高二〇〇億円を突破し、三〇年のそれを倍増した。

四月、水俣病（この頃から奇病の呼称はなくなりつつある）総合研究班会議は毒性因子を金属、類金属と確認している。五月には日本精神神経科学会で熊本大学・宮川教授はタリウム説を発表した。六月二四日の熊本日日新聞は、「水俣病早く原因究明を地元側、県や政府に要望。現在被病者六四名　うち死亡二一名、入院中八名、自宅療養三四名、転出一名」と報道。六月より七月にかけて本州製紙排水による江戸川汚染で浦安漁民と紛争が発生し、国会で問題化している。六月二四日には国会社会労働委員会で厚生省公衆衛生局長は、「水俣病の原因はセレン、タリウム、マンガンの三物質の一つまたは二つ、三つの総合によるもので、その発生源は新日窒の排水である」と答弁、新日窒はこの発言に対し七月に「水俣奇病に対する当社の見解」と直ちに反論している。七月八日の熊本日日新聞は、「水俣奇病の原因は新日窒の廃棄物　厚生省科研班が推定。新日窒の廃棄物が港湾を汚染し、魚介類や回遊魚が廃棄物中の化学毒物で有毒化し、これを多量に食べるためにおこるものと推定。通達文書で新日窒の名前を出したのは今回が初めて」と報じた。新日窒は水俣病総合研究班に初めて懇談を申し入れ、研究班は懇談内容を一切行政的に利用しない、内容は医学的なことに限る、奇病に対する発表をなす場合、双方の了解のもとに行なうことを条件に受諾し、七月二九日に新日窒の研究成績を初めて聴取し、八月一日にその報告を受けて総合討議を行なっている。

八月には水俣病患者互助会（会長・渡辺栄蔵）が結成された。初の患者組織である。この八月には新たな患者発生が確認され、これに伴い水俣市対策委員会が開催され、水俣湾一帯の漁獲及び食用の自粛を促し、漁獲禁止に伴う特別措置法の立法化を検討している。八月二三日には、熊本県は新患者発生により、九州各県水産主務部長、熊本県漁連、不知火海沿岸県事務所に水俣湾海域内での漁獲厳禁を指導・通達している。

八月一七日の熊本日日新聞は「水俣湾の魚食べるなと再警告　密漁船を徹底警戒　県公衆衛生課、水俣病予防に躍起」、一九日の西日本新聞は「手ぬるい水俣病対策　県議会厚生労働委で追及　水俣湾内の魚介類を食べないようにしましょうとの呼びかけでお茶を濁している県を追求」と報じた。

九月一日には水俣漁協は漁民大会を開催。水俣病発生経路の早期究明、被病患者の医療費の全額国庫負担、漁礁投石事業の完全施行、漁業転業資金の低利斡旋の宣言を決議した。

## 原因物質に有機水銀浮上

九月一六日には、のちに熊本大学の学説の国際化に大きな役割を果たすアメリカＮＩＨのKURLAND博士らが現地視察を行なっている。九月二六日の水俣病研究班会議で内科の徳臣助教授、病理の武内教授は初めて有機水銀に考慮する必要があると発表した。

二一日の水俣タイムスは、「陳情一本槍の奇病対策　奇病はどこに行く　水俣川口に酢酸、アルデヒド工場の排水放流」と排水口の水俣川口への密かな変更をスクープしている。一〇月一八日の熊本日日新聞は、「水俣病にまた新患者　禁漁区域外のタコ　夫が毎日とり続けて食べた妻」と、一〇月二四日の西日本新聞は「積極的な防止

対策を　市場を素通りして市販される魚　水俣病に世論高まる」と報じた。

一〇月二七日に水俣保健所が火事で焼失し、貴重な資料が失われた。一一月一六日、水俣タイムスは「政府の奇病対策案に不満　漁協と奇病対策委は漁場の補償金四億円の要求」と報じている。漁業補償をめぐる紛糾が本格化し始めている。また、一二月の水俣市議会では水俣病の名称が観光その他の理由で問題になっている。

翌三四年は三一年に次ぐ水俣病事件の画期をなす年になる。厚生省は一月早々、食品調査会に水俣食中毒部会を設置する方針を決め、熊本県衛生部と熊本大学に新日窒が加わり、委員候補として熊本大学鰐淵学長を代表に、熊本大学医学部、理学部、熊本県衛生部、水俣市、熊本県水産試験場、のちに三角海上保安部長を推薦した。一月一九日には初めて地元選出の坂田厚生大臣が現地を視察し、患者を慰問している。この二二日には熊本県知事選で官選以来の桜井三郎氏を激戦のすえ破って寺本広作氏が当選した。熊本県の幹部も大幅に交代する。

二月一二日には水俣市立病院に水俣病患者の特別病棟（三二床）が起工した。一七日には食品衛生調査会に水俣食中毒特別部会委員が出席して初めて水俣病について討議している。三三年度の新日窒のオクタノール（問題の酢酸を原料）の年産能力は二七年の一〇倍の一二、〇〇〇トンに達した。三月には、農薬工場においてエチルリン酸水銀、フェニル水銀化合物による中毒が問題になる。これは昭和四〇年の阿賀野川の第二水俣病の原因物質をめぐる論争の際、昭和電工が主張した農薬説と繋がっていくことになる。三月には熊本大学医学部研究陣は第三報として熊本医学会雑誌に有機水銀説を示唆する論文を発表した。この頃、水俣湾では真珠の試験養殖が行なわれている。五月には新日窒技術部は、魚、その他のマンガン、セレン、タリウムなどの分析結果を遅ればせながら発表した。

五月末には水俣川河口にアユなどが大量に死亡し、六月五日に熊本県水産試験場、県公衆衛生課は水俣川の河口を調査している。新日窒は排水を百間排水溝から水俣川河口に変えており、不知火海の葦北沿岸に患者が多発する要因になった。六月九日の西日本新聞は、「水俣市袋湾の干拓計画　農地拡大と工場敷地を獲得」と報じている。

この六月には津奈木に猫発病の報告があり、水俣保健所が調査をした。後に、排水口の変更により、汚染水が葦北沿岸を北上したことが分かる。一八日の西日本新聞は、「初めの三倍に　禁漁区申請の範囲　水俣病対策委」と報じた。二〇日には水俣市鮮魚小売商組合と魚市場は、水俣病の即時原因究明と即時解決、低下した魚の購買力を引き上げようと集会、デモ行進を行なっている。二二日に熊本県、水俣市、水俣市議会は厚生省に水俣病原因の早期究明、漁業禁止区域設定についての特別措置を陳情、大蔵省に水俣病原因調査事業の予算確保、また、水産庁、農林省にも陳情を行なっている。七月二日には熊本県衛生部は、不知火海沿岸の各保健所に魚介類水揚げ地区のネコの集団発病について依頼している。その結果、天草東岸からの異常は報告されていない。これは、今日においては重要な事実である。

七月一四日の熊本大学研究班会議で、臨床的、病理学的および分析的研究の結果、水俣病は現地の魚介類を摂取することによって惹起される神経疾患で、魚介類を汚染している毒物としては、水銀が極めて注目されるに至ったとの結論を承認した。同日の朝日新聞は、「水俣病の原因は有機水銀　熊大研究班が確認　分析、臨床、病理三面から」と大きく報じた。翌一五日の同紙は、「熊大の結論は黙殺　新日窒水俣工場　水俣病へ態度変わらず」とも報じている。

一七日には食中毒部会委員会が厚生省食品衛生課長出席のもとに開催され、現在までの研究結果を確認、発表した。翌一八日、食品衛生課長は熊本県衛生部長らと現地調査を行なっている。二一日には熊本県水俣病対策連絡会で特別立法、原因究明に関する打ち合わせを行なった。翌二二日に熊本大学水俣病研究班は、非公開で研究報告会を開催し、先の一四日の結論を確認し、公式に発表した。熊本日日新聞は二三日、「有機水銀の中毒　水俣病の原因　熊大研究班全員一致して発表」と報じている。実は二四日、のちに裁判で工場の予知可能性をめぐって大きな役割を果たすことになるが新日窒・細川院長が工場排水投与動物実験を始めている。二六日には、水俣病患者互助会が総会を開き、新日窒に対する損害賠償問題を討議している。

三一日には水俣市鮮魚小売商組合総会で、水俣市丸島魚市場に水揚げされる魚介類のうち、水俣近海のものは絶対買わぬと決議した。八月一日、この決議をめぐって、水俣市の斡旋で水俣市漁協、津奈木漁協が鮮魚小売商組合と協議するが対立、物別れに終わっている。三日には熊本県衛生部は水俣病の発病範囲拡大のおそれありと、鹿児島県衛生部長に水俣以南地区におけるネコの発病調査を依頼している。五日、新日窒は、熊本県議会水俣病対策特別委にて、「熊大の有機水銀説は実証性のない推論」と反論、「謂る有機水銀説に対する工場の見解」を発表。六日、水俣市漁協、鮮魚小売商組合は新日窒にデモ、漁業補償交渉として、二九年から現在までの漁業被害補償一億円、海底に沈殿した汚物の完全除去、すぐれた浄化設備の設置を要求。これに対する回答をめぐって紛糾、実力行使に及び、結局二九日に水俣市長、地元県議の斡旋により、純粋な漁業補償として漁業補償金二、〇〇〇万円、漁業振興資金一、五〇〇万円、計三、五〇〇万円、毎年、年間契約として二〇〇万円を新日窒より出すことで全面妥結に至った。

八月には出水市米ノ津、獅子島でネコの集団発病が確認されている。出水保健所は一八日、水俣からの魚介類の販売禁止を通告した。二二日の熊本日日新聞は、「さっぱり売れぬ魚　噂に脅える葦北地方」と葦北沿岸の窮状を伝えている。二四日には、鹿児島県水産試験場が出水、米ノ津、長島の漁場調査を行ない、潮流、プランクトンに異常なしと報告している。いずれにせよ、不知火海東部沿岸に広範な影響の兆しが見えている。

八月二四日、反熊本大学水銀説の立役者となる、東京工業大学の清浦雷作教授が現地調査を開始、朝日新聞に「水銀は極微量　清浦教授の海水調査　熊大の水銀説は未だ推論　発表は慎重に」と語っている。

**昭和三四年秋　状況緊迫**

九月七日には、八代保健所が現地調査の上、田浦町からの魚の持ち込みに関し、監視強化体制の強化方針を打ち出した。九月には、新日窒は酢酸設備等の排水の八幡プールへの排水、塩ビモノマー水洗塔排水の百間排水溝への排水を中止、「排水浄化装置」の工事に着工している。九月八日には食品衛生調査会水俣食中毒特別部会が中間報告会を開催し、有機水銀説を報告している。翌九日には業界団体、日化協の大島専務理事が登場、現地調査を行ない、二八日に「水俣病原因に就いて」を発表、有機水銀説を否定し、同時に新日窒も同様の「有機水銀説の納得しえない点」を発表した。

二八日には津奈木漁協、二九日には田浦漁協、三〇日には葦北漁協、湯浦漁協が相次いで総決起大会を開催。そして一〇月二日には葦北沿岸漁業振興対策協議会（これには先に妥協した水俣漁協は不参加）が開催され、水俣病による魚介類の売れ行き不振に関し、新日窒に八幡、百間海岸の汚水除去、水俣病の原因究明、汚水浄化設備完了までの排水禁止、漁民の漁業転換、その他の救済策などを要望、新日窒は根拠がないと拒否。三日、協議会は熊本県知事に漁民の生活援護措置を陳情している。

一〇月五日、厚生省食品衛生課長は、水俣食中毒特別部会代表と会見、水銀説に疑問を呈している。六日には、食品衛生調査会合同委員会が通産省、水産庁出席のもとに開催され、特別部会代表は中間報告として有機水銀中毒説を発表した。七日の西日本新聞は、「有機水銀が要素？　水俣病の原因　調査会の結論でず」と報じている。七日、新日窒は熊本県知事に対し、日化協の報告により原因は旧軍隊が水俣湾に捨てた爆薬ではないかと調査方を申し入れている。三二年に前掲したことが、ここで表面化する。毎日新聞は、「新日窒が水俣病で反論　旧軍需物資が原因　湾内の四エチル鉛や爆薬」「補償は出さないと新日窒社長　県議会、会社側の引き延ばし戦術だと不満会社も熊大の研究に協力するよう要望」と報じている。この九月から一〇月にかけて、津奈木、湯浦に患者が多発している。

実は、一〇月七日には細川院長の動物実験で、酢酸工場排水によりネコが発症している。一方では、新日窒のオクタノール月産は一、五〇〇トンに増加している。一五日には、熊本県知事、県議長は厚生省、農林省、経済企画庁に原因の早期究明と危険海域の調査指定について陳情している。一七日には、熊本県漁連は漁民総決起大会を開催し、新日窒に団交の申し入れするも拒否され、一、五〇〇人の漁民が工場に乱入し、警官隊が出動した。二〇日には漁連会長らは厚生省などに漁民の救済措置を要望するとともに、新日窒本社に総決起大会の決議文を提出している。二一日、通産省は、新日窒に水俣川河口への排水流出の即時中止、従来通り百間港に戻すこと、排水の浄化装置を年内に完成するよう指示した。この頃、新日窒は工事の排水によるネコの発症を認め、細川実験を禁止している。二三日には、水俣食中毒特別部会は現地調査の上、旧軍需物質説は事実に反し、医学常識を無視したナンセンスであると発表した。二四日には新日窒は、「水俣病原因物質としての有機水銀説に対する見解」を発表、水俣市長、市議会対策委らに爆薬説を強調している。二六日には熊本県議会特別委員会は、水俣病対策特別措置法案要綱と議員立法の骨子をつくり、新日窒に排水の中止を要望するとともに、熊本県漁連との合同会議を開催、意志統一を図っている。二九日には、新日窒は水俣川河口への汚水排出を中止した。三〇日、新日窒は一〇・一七紛争により、漁協長らを水俣署に告訴している。この日、熊本県知事は、初めて現地視察、工場の熊本大学説反論は世間が納得しないと発言した。

一一月一日、国会調査団が現地調査。公聴会にて、特別部会の鰐淵代表は、水俣湾の魚介類を食べれば発病は自明、政治の力で予防策をと要望。国会調査団は、熊本県の怠慢、少なすぎる研究費、工場の非常識を批判、水質保全法は改正の必要ありと発言した。二日は、国会調査団を前に不知火海沿岸漁民総決起大会が開催され、デモ行進ののち、新日窒に団交を申し入れたが、工場は拒否。漁民多数が工場に乱入し、警官隊が出動、五〇数名の負傷者が発生した。三日には、国会調査団長は水俣病について漁業補償に関する特別立法は要るまいと発言している。四日の熊本日日新聞は、「水俣病　衆院調査団　工場側を追求　熊大との対立捨てよ　浄化装置なぜ遅れた」、朝日新聞は、「松田団長語る　混乱の原因は会社の怠慢にある　水質保全法は改正の余地あり」と報じた。四日、二日の紛争に関し新日窒従業員大会が開催され、県漁連は暴力行為を繰り返すな、問題解決は平和的な話し合いで、工場は原因究明につき関係機関と協力せよ、浄化装置を早期に完成せよ、県漁連の平和的話し合いには誠意をもって応ぜよ、治安当局は暴力行為を断固取締り、工場施設の破壊防止に万全を期せと決議した。新日窒労組も同様の基本態度を決定している。五日には、県議会特別委は、工場公害防止条例制定のための臨時県議会を早急に開かせる、県漁連と工場に対し県執行部が仲介に入るよう要請させる、と決議。水俣選出の議員は、工場閉鎖すれば関係者に新たな社会不安を起こすと発言している。同日、水俣市議会全員協議会が開催され、早急な原因究明、漁民・患者に万全の救済措置、漁民と工場は平和的に話し合え、工場の操業停止はしないよう要望すると決議した。六日には、熊本県議会、議会運営委員会は、知事が七日から誠意をもって仲介する、工場公害防止条例制定のための臨時県議会の即時召集は見合わせることを決定した。同日、新日窒労組代議員会は、水俣病の原因が未確定の現在、工場の操業停止には絶対反対などの決定をしている。七日には、水俣市長、市議長、商工会議所、農協、地区労は、寺本知事に対し、工場公害防止条例で工場排水を止めることは工場の破壊であり、水俣市の破壊であると陳情、県警本部に暴力行為には十分な警備措置をと要望している。八日には、不知火海沿岸漁業転換対策として調査船団が対馬海域のイカ釣り漁に出発した。九日には、水俣市議会全員協議会は有機水銀説に有力な反証があるので、早急な結論を下さぬよう厚生省に要請の方針を決定している。同日、衆議院調査団は厚生省、通産省、水産庁、経済企画庁と対策打ち合わせ会を持っている。一〇日の熊本日日新聞は、「原因断定は慎重に　水俣病　市長、市議ら急ぎ上京」と報じた。一一日、清浦教授は水俣病の原因は工場排水とは考えられないとの「水俣湾内外の水質汚濁に関する研究（要旨）」を通産省に提出した。同日、水俣病関係各省連絡会議が開催され、特別部会代表、熊本県衛生部長らが出席、通産省は清浦説を提出、今後原因究明に一致協力して当たることとなる。

## 熊本大学研究班に解散命令

一二日には、食品衛生調査会常任委員会が開催され「水俣病は水俣湾の魚介類中のある種の有機水銀化合物による」と断定し、厚生大臣に最終答申した。一三日の熊本日日新聞は、「有機水銀の中毒。厚生省食品衛生調査会、水俣病で結論。鰐淵代表、純粋な学問的結論。工場総務部長、今は何も言えない」と報じた。熊本県知事は県漁連の要請を受け、新日窒との斡旋に乗り出す。ところが、驚くべきことに、この一三日、食品衛生調査会水俣食中毒部会は厚生大臣に解散を命じられた。この日の閣議でこの答申が報告されると、通産大臣・池田勇人が、有機水銀が工場から流出したとの結論は早計だと反論、このため答申は閣議了解とはならなかったのである。一四日の朝日新聞は、「転機を迎えた水俣病対策　厚生省いちおうの結論で　意気込む漁民側　知事・新日窒会談がカギ」と報じ、一六日の西日本新聞は、「宙に迷う研究体制　厚生省・水産庁で責任転嫁」と報じた。この一六日、熊本県議会特別委は工場排水の即時停止を主張する委員と即時停止は困るとする委員が対立し、県漁連出身の委員は、県議会は生温いと特別委員を辞任している。同日、水俣病患者互助会は「市当局、市議会は水俣病原因究明その他工場に一方的に向いている」と抗議した。まさに孤立無援の闘いである。一九日には、経済企画庁は「水俣病に関する総合調査の実施について」という通達を発し、調査のやり直しを示唆している。二〇日には、水俣食中毒特別部会委員は記者会見し、「研究の重大な段階で関係各省の縄張り争いから、特別部会が解散させられたのは残念である。水俣湾周辺の脳性小児麻痺患者のうち数名は水俣病患者かもしれない、大学側の工場排水調査で、工場側は研究者が直接排水を採集することを拒否し、公文書で依頼し、工場側の提供を受けたが、この方法では科学的な研究はできない。無機水銀が魚介類の体内で有機化する過程は近い将来に結論」と語る。当時、工場は触媒に無機水銀を使っており、有機水銀の中毒はあり得ないというのが強力な反論の材料であった。この日、農林省計画技術課長が袋湾の干拓について現地調査を行ない、また、熊本日日新聞は、「対島のイカに活路　水俣病で痛手の大道、樋島、嵐口の三漁協」と報じている。二一日には、水俣病患者家庭互助会は知事に漁業補償より前に水俣病による死者、患者の補償を行なうよう陳情した。同日、水俣漁協は水俣病のための漁業転換措置として県の指導で購入した小型底引き網船が禁止されて二年間も操業できず、組合員は五〇〇万円の借金で苦しんでいる、県はこの損害を補償するよう陳情している。二四日には、経済企画庁水質調査課、水質保全課が現地調査、「不知火海が来年度に水質保全法に基づく指定水域になるのは困難」と述べている。二四日には不知火海の水俣病紛争調停委員会の委員として、寺本知事、岩尾県会議長、中村市長、河津県町村会長、伊豆熊本日日新聞社社長、オブザーバーとして川瀬福岡通産局長、岡全漁連専務理事と、そうそうたるメンバーが決定した。二五日には水俣病患者家庭互助会は新日窒に被害補償金として二億三千万円（一人三〇〇万円）を要求したが、新日窒はこれを拒否、互助会は工場正門前の座り込みにはいっている。この時、新日窒労組はテントを貸すなどの応援をしている。二七日、衆院水俣病対策審議会で、八田委員が「工場の製造段階では有機水銀であるアルキル硫酸水銀を使っているのではないか」と注目すべき追及を行ない、通産省は「無機水銀だけ使っていると聞いている」と答弁している。二八日には、新日窒は互助会にゼロ回答し、「一二日の厚生省発表では病原と工場排水との関係は何ら明らかにされていない」とした。三〇日に互助会は水俣市に「座り込み後数日を経ているのに、何ら手を打たず不誠実」と抗議している。

一二月二日、水俣病紛争調停委員会で県漁連は被害額を二五億円と示し、患者補償と漁業補償を分離し、後者は水俣漁協方式を要望した。三日、清浦教授は毎日新聞紙上にて、水俣病はプランクトンの状態を考慮して、再度総合的な研究が必要と発表した。七日には、知事は不知火海水質汚濁防止委員長に漁業被害額の二五億円を再検討するよう要望している。八日、アメリカＮＩＨのKURLAND博士は朝日新聞、毎日新聞紙上で「水俣病の原因物質は有機水銀である」との結論を掲載した。同日、日化協け新日窒の排水問題に関し、産業排水対策委員会内に塩化ビニール・酢酸特別委員会の設置を決定している。いよいよ本格的な反撃の開始である。一方、葦北漁協、水俣漁協は相次いで対馬海域のイカ釣り漁の調査団を現地に派遣している。熊本日日新聞は一二月一二日、「海区越境の操業は止めてほしい　出水漁協、葦北漁協らに抗議」と報じ、困窮した葦北沿岸漁民が出水方面への違法な出漁の事実を伝えている。一六日には、水俣病紛争調停委は県漁連、新日窒に調停案を提示、一時金三、五〇〇万円、立ち上がり資金融資六、五〇〇万円、患者補償七、四〇〇万円とし、一時金三、五〇〇万円のうち一、〇〇〇万円を11・2の紛争時の会社損害申し立て額として相殺、過去の排水が原因と決定しても、一切の追加補償を要求しないことというものであった。一七日には、県漁連、新日窒は調停案を受諾、関係四三漁協のうち津奈木など三漁協のみが態度を保留した。一九日、新日窒、鹿児島県知事の会談で、鹿児島県内の補償を熊本県と同一水準で行なうことを決定している。同日の熊本日日新聞は、「水俣病紛争解決　調停委発足三週間ぶり　補償金年内に支払う　新日窒　なお残る患者補償　ほっとした水俣市民　漁民の声　少ない宝の海の代償　知事就任初の本塁打？不知火海の不安」とおおむね評価する記事を書いている。同日、熊本県警は11・2紛争で、県漁連、各漁協など二六ヵ所を一斉捜査し、警官隊二〇五名が出動した。二〇日、熊本日日新聞は、「浄化装置できあがる　新日窒　排水は川水と同程度」とも報じている。同日、農林省技術課長らは袋湾埋め立ての現地調査、「簡単にはできない」と発言している。また、先の補償により、漁民大会に参加しなかった水俣漁協はゴチ網不能による損害三四〇万円の補償を再度熊本県に陳情している。二二日には、熊本県議会で調停委に熊本大学の研究陣をなぜ入れなかったかとの追及に、知事は有機水銀説を前提とはしなかったと発言している。二五日に新日窒は、排水浄化装置完成（工費六、〇〇〇万円）と発表した。実はこの装置・サイクレーターは何ら機能を果たしていないことが後日明らかになり、当時の西田工場長の違法立件の根拠の一つになる。このように、この時期の事態は沈静化の方向に一気に動き始めている。二五日には、厚生省に水俣病患者診査協議会が設立された。年の瀬も迫った二九日、水俣病紛争調停委は患者互助会、新日窒に調停案を提示、一時金二、四〇〇万円、年金五、三〇〇万円。三〇日に双方はこれを受諾、調印した。その内容は、見舞金として、死者三〇万円の弔慰金と二万円の葬祭料、生存患者は成年に年金一〇万円、未成年に同じく三万円というものである。その第四条には水俣病の原因が新日窒の排水でないと決まれば、見舞金は打ち切る、第五条には水俣病の原因が、将来工場排水に起因することが決定した場合においても新たな補償金の要求は一切行なわないというものである。実は、先に示した工場のネコ実験から二ヵ月が過ぎていたのである。三一日の熊本日日新聞は、「水俣病補償金一ヵ月ぶり調印　物価の変動にもくぎ　互助会長談・今後も仲良くやっ

ていきたい　工場長談・社会不安を除き、努力にむくいるため　市長談・双方に心から感謝」と報じた。これはのちの裁判で公序良俗に反すると厳しく断罪を受けることになる内容であった。

## 事態の鎮静化　強まる有機水銀説攻撃

三五年一月、水俣病総合調査連絡協議会が経済企画庁の主管で設置されることになる。研究の主管が厚生省から移管されたのである。一二日、一六日には熊本県警は漁民五名、さらに六名を逮捕した。さらに二五日には、田浦漁協長ら一一名を逮捕した。二三日には、芦北町魚類仲買人、加工業者が魚の売れ行き不振に対し新日窒に補償を要求している。二五日には、出水漁区漁業補償委と新日窒は漁業補償交渉を行ない、新日窒は九〇〇万円の回答をした。また、熊本県海産物仲買協組、熊本魚市場買受人協組総会で水俣湾付近の魚は取り扱わないことを申し合わせている。三〇日、水俣漁協は臨時総会を開催、水俣病補償要求について新日窒との直接交渉を決定、二月四日に対馬海域の寒働漁に出発している。水俣海域の漁業は壊滅していたのである。

二月、熊本県衛生部は熊本大学・喜田村教授の指導により、不知火海沿岸の魚介類多食者二、〇六七名の頭髪中の水銀調査を行なっている。この調査は水俣病の広がりを予測する可能性を持つものであった。一一日には、日化協常務理事監事会で田宮委員会発足を検討している。一四日には、文部省科研費による総合研究班会議で世良班長は「水俣湾のカイからイオウ化合物を含む有機水銀塩を検出した」と発表した。有機水銀の発生経路と、いかなる形態の有機水銀かの追求は続くが結論はなお遠い。三月、熊本大学研究陣は医学部研究班第四報を熊本医学会雑誌に発表する。二二日には、熊本県議会水俣病対策特別委員会は解散した。

他方、二一日には先の葦北沿岸漁協の交渉に不参加の水俣漁協は臨時総会を開き、漁業補償は直接交渉の方針を決定、工場に二億八、三二五万一、〇〇〇円を要求。物別れとなったが、工場正門前で座り込みに入った。さらに、四月七日には新日窒本社と交渉。物別れとなり、本社前で座り込みに入った。

四月一二日には、清浦教授は水俣病の原因はアミン中毒と発表。一六日には、熊本大学研究陣はこれに対し、根拠のない学説と反論した。文部省科研費による水俣病総合研究班は、三五年度より文部省基幹研究による研究班として再発足し、四八〇万円の予算が決定した。他方、新日窒、水俣漁協、地元代議士、水俣市長、市議長、熊本県東京事務所長は、水俣病補償問題で会談。漁協の希望条件を付け、寺本知事の斡旋を受けることに決定、漁協は本社前の座り込みを解いた。この斡旋は難航し、結局、この年の一〇月二五日、漁協員の立ち上がり資金として七五〇万円、三〇~五〇名を新日窒に、二〇名を子会社に就労斡旋、水俣市の計画する漁業振興会社に五〇〇〇万円出資、水俣湾を一〇万坪埋め立て、一部を漁協に譲渡、損害補償として一、〇〇〇万円、工場排水が原因と分かっても追加補償はしないということで妥結した。三一日に就労希望者募集を締め切っているが、希望者は五三名に上った。

一方、四月二八日には熊本大学は頭髪検査の結果を発表、一割以上に一〇〇ppm以上、三〇〇ppm以上が三名の高値を示した。同日、西日本新聞は、「一割以上が要注意　頭髪

の水銀量調査　水俣の漁民に警告」と報じている。この検査の結果は注目すべきものであったが、フォローアップなどの調査はなされないままに終わった。

三〇日には、熊本地検は、11・2紛争により、五五名を建造物侵入罪などで起訴した。一方で日化協は、産業排水対策委の塩化ビニール・酢酸特別委の附属機関として田宮委員会（委員長・田宮猛雄日本医学会長）を設置した。こともあろうに日本医学会長が論争の当事者、加害を疑われている業界団体の研究委員長になるなど、今日ではあり得ない医学史上の汚点といえよう。実はこの三五年、工場のアセトアルデヒドの生産量は四万五、〇〇〇トンを上回り、ピークに達し、国内の生産量の約三〇%を占めるに至っている。

五月二三日には、出水漁協と新日窒の間の漁業補償問題で漁業損害補償五〇〇万円、立ち上がり融資一、〇〇〇万円の契約書を調印している。六月七日には、鹿児島県衛生部は出水市の頭髪水銀量一〇〇ppm以上が三〇名中八名と発表した。

六月には、熊本大学医学部は研究班を改組し、瀬辺、入鹿山、内田、武内、喜田村教授、徳臣助教授の陣容となった。なお、喜田村教授は四月に神戸医科大学教授に転出している。

六日には、水俣漁協は総会を開き、水俣湾内の操業禁止を再確認し、小型母船で外海への集団出漁の方針を決定した。七日、熊本日日新聞は、「水俣工場縮小せぬ　新日窒社長語る」と、また九日、毎日新聞は、「難航する新日窒の千葉進出　水俣病はご免と反対」と千葉の五井工場進出の動きを初めて伝えている。一四日には、水俣病患者診査協議会は、新患者発生にかんがみ水俣病の危険はまだ去ったわけではないと警告した。同日、熊本大学徳臣助教授らは、水俣病発生地区住民の現地検診を行なっている。その結果は、三八年に至って発表された。

### 高度経済成長の陰に水俣病

七月一九日には、当時経産相として有機水銀説を主張する熊本大学の特別部会を解散させた池田勇人氏が首相に就任し、「高度成長　所得倍増計画」を推進していくことになる。八月には、田宮委員会の東京大学斎藤助教授、東京教育大学の大八木助教授が相次いで現地調査を行なっている。九月には、国際神経学連合地理神経学委員会が水俣病を取り上げ、東京大学白木教授が出席、熊本大学の有機水銀説を紹介した。一〇日には、地元漁民の危険水域の水俣湾付近に自家消費のため一本釣り操業の事実が判明し、水俣漁協は監視船で巡視に乗り出している。一六日には、水俣保健所は、最近水俣湾にて捕獲した魚介類を市販しているとの情報を得て、食品衛生上、売るな、食べるなの指導を強めるよう関係者に連絡している。二九日、久しぶりに開かれた第三回水俣病総合調査研究連絡協議会にて、熊本大学内田教授は、水俣湾のカイから有機水銀化合物の結晶体を抽出したと発表した。

なお、一一月一日には、戦後最大の労使紛争と称された三井三池争議が二八二日を費やして、組合完敗で終了している。この日には、熊本県衛生部は水俣病多発地区住民の健康診断委託契約を熊本大学と交わしている。このことは、水俣病の患者の広がりを県も大学も意識していたことを物語っている。これは先の徳臣助教授らの検診を指している。

三六年、この年には、新日窒のオクタノール市場占拠率は六四%、酢酸二六%、酢酸エチル二五%になる。一月一九日には、通産省は三六年度工業適地調査地区として水俣を選んでいる。三一日には、熊本地裁は三四年の11・2紛争事件公判において、田浦、葦北漁協長に懲役一年、執行猶予二年、外五〇名に建造物侵入と暴力行為による有罪判決を下し、上告なく確定した。三月六日には、第四回水俣病総合調査研究連絡協議会が開催され、海上保安庁より、海流、潮流の資料が提出され、結論を得ないまま協議会は自然消滅している。三月、田宮委員会の東京大学勝沼教授らはJapanese Journal of Experimental Medicine で非有機水銀説を主張している。

## 胎児性水俣病の確認

三月二一日、熊本大学武内教授は脳性麻痺を疑われていた小児の病理解剖を行ない、病理所見が水俣病と合致することを認めた。西日本新聞は、「水俣病と同じ症状　水

俣　小児マヒの幼女死ぬ」と報じている。二二日には、漁業振興会社設立に関して、木更津エビ養殖場技師が水俣市を視察、クルマエビの養殖は不可能と判断、以降この公社の話は立ち消えになった。四月一〇日には、日本衛生学会にて「水俣病の原因をめぐって」のシンポジウム、喜田村教授、入鹿山教授の有機水銀説に対し、東邦大学戸木田教授は腐敗アミンを原因として重視すべきと、またぞろ清浦説を持ち出している。一二日には、徳臣助教授は「水俣病の臨床と病態生理」に対して森村賞を受賞した。もはや医学界では有機水銀説が動かしがたいものと認識されている。

一方で、二六日には、熊本大学研究班は班としての予算措置が無くなり、今後の研究体制を検討、新たな研究班を存置させることを決定、忽那医学部長を班長に入鹿山、武内、内田教授、徳臣助教授を幹事に一七教室が参加することを決定した。

五月四日、水俣市百間でネコ発病。これに対し一五日には、熊本県衛生部は漁獲禁止区域での魚介類採取中止を呼びかけ、一九日には水俣市鮮魚小売商組合は不売決議を確認している。

六月一一日、熊本大学小児科の原田義孝助教授は、水俣地方に多発の脳性小児麻痺は有機水銀と強い因果関係があると発表。七月八日の熊本医学会で病理学の松本助手は、水俣の脳性麻痺患者は多量の水銀を含むことを発表。八月七日の水俣病患者診査協議会で武内教授が解剖した患者を胎児性水俣病と初めて診定。ここに公式に胎児性水俣病の存在が確認された。九日の毎日新聞は、「胎児に水俣病発病　熊大　死んだ女児の死因断定」と報じた。九月一〇日には、ローマの第七回国際神経病学会で熊本大学内田教授、武内教授、徳臣助教授、神戸医科大学喜田村教授が水俣病研究の成果を発表、原因物質はメチル水銀化合物と公表、国際的にも高く評価された。なお、この学会には田宮委員会の斎藤助教授らも出席している。一四日には、水俣病患者診査協議会は廃止され、水俣病患者診査会として発足、会長に熊本大学貴田教授が就任した。一一月一日、西日本新聞は、「発病は下火だが増える水銀　県衛研　水俣病で赤信号」と報じている。また八日の朝日新聞は、「水俣病で浚渫できぬ　百間港　工事完成は四〇年ごろか」と報じ、数年来のいわゆるドベ問題解決の容易ならぬことを示唆している。一二月一六日には、水俣病研究費配分打ち合わせ会が開催され、米国ＮＩＨの援助資金、水俣病研究班交付金、文部省科研費により運営されることになった。

三七年、新日窒は千葉・五井コンビナートにチッソ石油化学株式会社として進出する。実は、この二月に新日窒技術部はアセトアルデヒド工場排水中にメチル水銀を確認している。三月には、水産庁は病因の追求を断念、水俣病研究を打ち切っている。これで、省庁直轄の研究は消滅したことになる。四月三日には、日本衛生学会において熊本大学入鹿山教授は「水俣工場より排出されると考えられる有機水銀と水俣病の有機化機転」を発表、研究班で初めて工場排水中にメチル水銀化合物が存在する可能性を示唆した。七月、新日窒は労組に安定賃金制実施を表明、長期間にわたる大争議が始まる。二三日には、会社が全面ロックアウト宣言、同日、労組は分裂、新労組が結成された。一方、七月九日には、四日市において、石油コンビナートの大気汚染による呼吸器疾患が多発し、公害対策市民会議が結成され、市民大会が開催されている。この頃、熊本県下有明海沿岸では農薬ＰＣＰにより魚類激減、漁民の生活保護申請が続出し、社会問題化している。八月二五日には、会社支持の商店街を中心に、水俣市繁栄期成同盟が結成された。

九月、ロンドンで開催された国際水質汚濁会議で清浦教授は「水俣病と水汚染」を発表、有機水銀説を否定、これを疑問視する米、英の研究者と論争になっている。一一月二九日には、水俣病患者診査会は、胎児性水俣病患者一六名を一挙に診定した。これに先立って、水俣保健所においていわゆる脳性麻痺患者の健診が行なわれている。この頃から、水俣の農山村に柑橘園造成の動きが強まっている（二八年二六ヘクタール、三七年二〇三・五ヘクタール）。

## 熊本大学、ついに工場スラッジよりメチル水銀化合物検出

三八年一月には、水俣市立病院に水俣病患者のための湯の児病院・リハビリテーションセンターが着工した。二七日には、新日窒労使は熊本県地労委の斡旋案を受諾、さしもの大争議は労組の全面的敗北に終わる。

二月一五日、ＮＩＨ資金による研究報告会で熊本大学入鹿山教授は「水俣病の原因物質と考えられる有機水銀化合物を新日窒の酢酸工場より直接採取したスラッジより抽出した」と発表した。一七日の熊本日日新聞は、「熊大研究班　水俣病の原因で発表　製造工程中に有機化　入鹿山教授、有害物質を検出　研究班長談・もはや水俣病の直接的原因が工場の廃液にあることは疑う余地がない　全責任は工場にある」「熊本地検談・大いに関心を持たねばならない」と大きく報じた。一八日には、新日窒は、水俣病の原因は工場によるものではない、経済企画庁の結論待ちの段階であると反論している。二〇日、熊本大学研究班は「水俣病を起こした毒物はメチル水銀で、水俣湾内の貝及び新日窒工場のスラッジより抽出した。現段階では両抽出物質の構造式はわずかに食い違っている」と公式発表した。二二日の熊本日日新聞は、「水俣病の究明大詰めに　有機水銀　工場排水に原因物質　問題は化学構造式の食い違い」と報じた。

三月、厚生省は水俣病患者の通院費公費負担の方針を決定。この方針により水俣市は、在宅患者の調査に乗り出す。水俣病患者家庭互助会は新日窒に補償金改定の再交渉を申し入れ、これに対し会社は労働争議の解決する三九年春までの延期を回答している。四月、新日窒は、アビソン社、ユニオンカーバイト社などと技術提携し、ポリプロピレン纖維製造のためのチッソポリプロ纖維株式会社を五井に設立した。一一日には、水俣病漁業補償の一環として、八幡地先三三万平方メートルの埋め立てが着工された。六月六日の西日本新聞は、「危険海域ゆるめよ　袋湾から茂道鼻　水俣　漁民の声高まる」と報じており、この頃は未だ水俣湾周辺の漁獲規制が続いていることが分かる。

七月一一日、田宮委員会の田宮猛雄委員長が死亡、中央の権威者を集めた田宮委員会は何の役割も果たさず、むしろ業界の熊本大学反撃の看板の役割を担った末に自然消滅した。一三日には、水俣港改修促進協議会が結成された。八月、水俣漁協は袋湾の茂道鼻、明神岬付近など一部海域の漁獲を解禁した。九月、この措置に伴い、水俣保健所は魚介類の水銀含有量を調査している。九月一日の熊本日日新聞は、「一〇周年迎えた水俣市立病院　県下一の自治体病院　水俣病治療などに成果」と報じている。

これに先立つ八月二日には、水俣病患者三名が治療のため九州大学温泉治療研究所（別府）に派遣されている。九月六日には、水俣漁協は水俣湾浚渫に伴う補償問題で水産庁に陳情。一〇月一六日には、水俣湾及びその周辺の泥土の毒性調査に関して、熊本県と熊本大学医学部の間で委託契約が交わされている。水俣病の問題も医療から環境問題へと関心が向けられつつあることが窺われる。この年、熊本大学徳臣助教授も「神経研究の進歩」で、「水俣病も昭和三六年以来、新患者の発生をみず、漸く終息したようである」と書いている。

## 新潟水俣病の発生

三九年一月二一日、水俣市立病院湯の児病院（前身はリハビリテーションセンター）の起工式が行なわれた。四月には、厚生省環境衛生局に公害課が新設された。四月二四日には庄司光・宮本憲一著『恐るべき公害』が刊行され、世上、公害問題が大きな社会問題となりつつあった。

四月、原田正純が「胎児性水俣病の臨床的研究」で神経精神学会賞を受賞している。

この頃より、新潟県阿賀野川ではニゴイ、マルタ、ハヤの浮上が話題になり始めている。第二水俣病の予兆である。六月一六日には、新潟を中心にマグニチュード7，5の大地震が発生、多大な被害が生じた。

七月八日には、水俣港の浚渫に伴う漁業補償交渉が補償金一、〇〇〇万円で妥結、工事は一〇月に着工の運びとなる。九月二五日には、水俣市議会に公害防止対策委員会が設置された。一〇月三〇日には、水俣病患者診査会は県知事に水俣病患者の見舞金値上げを要請している。一一月一日、日本医師会大会において元新日窒病院・野田兼喜博士が水俣病の第一発見者として開業医優秀研究者の表彰を受けている。因みに同博士は当時上益城の山間部に開業し、へき地医療に献身していた。一八日には、水俣病患者互助会の主催により、水俣病初の合同慰霊祭が執り行なわれた。一二月には、水俣漁協の未解禁海区はさらに内海に縮小した。二九日には、水俣港の浚渫に伴う漁業補償金が、熊本県より四五〇万円、水俣市より五五〇万円に決定した。

四〇年一月一日、新日窒は社名をチッソ株式会社に変更した。この日には、問題の昭和電工鹿瀬工場のアセトアルデヒド生産部門（月産一、二〇〇トン）が閉鎖されている。二八日には、新潟県阿賀野川河口の下山部落・今井一雄（三二歳、農業）が初めて、新潟大学椿教授により有機水銀中毒と診断された。長い間の対策の放置により、ついに第二の水俣病が発生したのである。四月より熊本県衛生研究所は、チッソ工場の排水検査を定期的に実施するようになった。一日には、水俣病患者互助会の見舞金年金の増額交渉が妥結し、未成年五万円、発病後成人に達した者八万円、成年軽症一〇万五〇〇〇円、成年重症一一万五〇〇〇円となった。

六月一二日には、新潟大学医学部は「汚染水にすむ魚介類を摂取することによる有機水銀中毒患者が阿賀野川流域に七名発生、二名死亡」と発表した。一四日には、阿賀野川河口の有機水銀中毒患者多発に伴い、新潟県水銀中毒研究本部を設立、本部長に新潟大学野崎医学部長と吉浦副知事を指名し、直ちに発生地区全住民二、五三〇名に対する第一次個別調査実施の方針を決定した。一九日には、新潟市衛生部長らが水保病対策に関して、水俣市を視察・調査をしている。同日の熊本日日新聞は、「新潟に水俣病の資料　熊大、奇病究明に送る」と報じた。七月一日、熊本大学徳臣助教授は熊本日日新聞に、「水俣病は終わっていない。新潟の有機水銀中毒に思う」を発表。

八月、新潟県民主団体水俣病対策会議が二三団体の加入で結成された。八月九日の朝日ジャーナルは、「現在の政府の水俣病に関する見解は昭和三四年答申より進んでいない」と論評している。一四日には、チッソ工場幹部は初めて水俣病患者を慰問し、見舞金を送った。同日の朝日新聞は、「水俣昨今　観光客二〇〇倍へ　水俣病も争議も過ぎた夢」と報じている。二五日には、水俣市は地区別座談会で公害の実態を聴取した。二七日の熊本日日新聞は、「ひどい工場のばいじん　水俣市　座談会で公害の実態きく」と報じた。二九日、熊本日日新聞は、「水俣病患者死ぬ　四一人目の犠牲者」と報じている。

九月、科学技術庁は新潟水俣病に関して特別研究促進調整費により、厚生、農林省に調査研究を委託した。一〇月、全鉱はイトムカ鉱山の水銀中毒を問題化している。

また、チッソは化学工場で初めて公害課を設置した。一一月には、熊本県議会で公害防止条例が検討され、工鉱課長は四一年度より公害調査を実施の方針と回答している。また、石牟禮道子は『熊本風土記』に水俣病より取材の「海と空のあいだに」の連載を始めている。一二月には、新潟水俣病患者と家族が被災者の会を結成した。

四一年三月には、新潟水俣病に関する各省連絡会において、調査研究結果はすべて非公開の方針を決定している。三一日、熊本大学医学部水俣病研究班は今までの研究を総括した『水俣病―有機水銀中毒に関する研究』を刊行した。

四月一日には、県下で初めて熊本市公害防止条例が施行された。また、熊本県は企画部に公害調査室を設置した。熊本大学医学部には付属中毒研究施設が開設された。

三日には、日本衛生学会において神戸医科大学喜田村教授が新潟の奇病は工場排水に由来する有機水銀中毒と発表した。五月一六日には、経済企画庁の水銀中毒防止会議で第二の水俣病発生にかんがみ、同様工程の他工場の汚染調査実施を決定している。

六月、チッソは排水浄化装置を完全循環方式に改良した。ここに初めて工場からのメチル水銀化合物の排出は終わったといわれている。

　ここで一つだけ極めて重要な事実が後に判明するので、この一点だけ、元の年表になかった事項を追加させて頂くことをお許し頂きたい。平成一三年に刊行された東京大学西村肇教授・元新日窒労組委員長岡本達明氏の共著『水俣病の科学』は、新日窒同様の工程を持つ他の六社、七工場にメチル水銀中毒が発生せず、なぜ水俣にのみ発生したのか、昭和七年にアセトアルデヒドの生産を開始しているにもかかわらず、なぜメチル水銀の排出量が一九五〇年代後半から急激に増加し、その結果、水俣病の発生に至ったのかを明らかにしている。要約すれば、アセトアルデヒド生産工程における昭和二六年の助触媒の変更と蒸発方式の変更である。新日窒独自の助触媒として二酸化マンガンが使われており、二五年までは精留塔ドレーンからのメチル水銀排出量は年間三kg以下の低いレベルであったものが、マンガンの使用をやめた二七年以降は排出量が一挙に三〇kg以上になっている。二酸化マンガンは水に溶けると4価のマンガンイオンが生じ、これが極めて強力な酸化剤であり、メチル水銀の生成を強力に抑制することが判明した。他の一つ、なぜ水俣のみなのか。国内の他の工場はプロセス用水に河川水などを使用しているため、その塩素イオン濃度は一〇ppm程度で、塩化メチル水銀分子の割合は一〇％程度である。他方、水俣工場ではプロセス用水に海水を用いることにより同じ操業条件でも精留塔ドレーンのメチル水銀濃度は五倍にのぼることが明らかにされた。この結果、新日窒工場のメチル水銀排出量は昭和二六年から二〇kg以上に増加を始め、三四年の一〇〇kgをピークに、三七年以降一〇kg以下に減少していることを示し、水俣地域住民の臍帯メチル水銀濃度の推移と一致しているとしている。なお、昭和電工鹿瀬工場はいち早く閉鎖し、証拠を徹底的に隠滅したため詳細は不明である。

四一年に戻る。八月四日には、国の公害審議会は公害基本法の制定を急ぐよう答申している。一五日には、経済企画庁は水俣市にて水銀中毒の第二回実態調査を行なった。九月九日には、新潟の奇病に関する厚生省特別研究班は「昭和電工鹿瀬工場の排水口より採取した水ゴケよりメチル水銀を検出」と発表した。九月、熊本県議会は工場公害防止条例を制定することを議決している。一〇月七日には、国の公害審議会は、企業に無過失責任、人間尊重を最優先を盛り込んだ公害基本法案を答申した。一一月、熊本大学武内教授の「有機水銀中毒症の病理学的研究」に日本医師会医学研究助成賞が授与された。九日には、熊本県に知事の諮問機関として公害対策審議会が設置されている。

　四二年一月一六日、熊本大学医学部水俣病研究班の「水俣病の研究」に朝日賞が授与された。三月には、新潟水銀中毒被災者の会総会で、昭和電工を相手どり死者に一、七〇〇万円、重症患者に一、〇〇〇万円、患者に七〇〇万円の損害補償の民事訴訟を起こすことを決定した。二六日、熊本日日新聞は、「大牟田川に無機水銀　公害調査で判明　放置すれば危険」、続く二七日にも、「水銀回収装置できる　三井化学大牟田　公害予防面で前進」と報じた。この工場では、無機水銀を触媒にした電解法により苛性ソーダを製造していた。四月、工場は電解工場に水銀回収処理施設を設置した。六日の熊本日日新聞は、「第二の水俣病におののく新潟市　患者ら法廷闘争へ　悪夢の三

四人　補償叫んで」と新潟の状況を報じている。因みに、四一年度のチッソの水俣市税収入に占めるウエイトは、三五年度の四八，五％から二二％に低下している。一八日には、新潟水俣病に関する厚生省特別研究班は、新潟水俣病は昭和電工鹿瀬工場のアセトアルデヒド工程の排水に由来するメチル水銀中毒と発表した。一九日の熊本日日新聞は、「新潟水俣病に最終結論　厚生省研究班・工場廃液が原因　昭電の農薬説を否定　昭電側・ずさんな調査は信用できぬ」と報じた。六月八日には、政府事務次官会議で水俣病の政府答弁を「現在厚生省の食品衛生調査会で検討中。厚生省の意見を待ち、更に科学技術庁で検討し、最終結論をまとめる」とした。かつての三四年の動きになりかねない状況である。一〇日、熊本日日新聞は、「原因の究明できず　政府、水俣病で答弁書」と報じている。一二日には、新潟水俣病患者家族一三名、昭電を相手どり四、四五〇万円の慰謝料請求訴訟を新潟地裁におこした。笠原新潟県弁護士会長ら二八氏よりなる新潟水俣病弁護団が結成された。六月一九日の熊本日日新聞は、「第三の水俣病に発展　富山のイタイイタイ病　厚生省近く調査へ」とイタイイタイ病がようやく社会問題化しつつあることを報じている。なお、一五日には四日市の大気汚染による認定公害病患者で初の死亡者がでている。七月、昭和電工は新潟水俣病で工場廃液を否認、農薬説の答弁書を提出している。これは、先の新潟地震の際、阿賀野川河口の農薬倉庫より多量の水銀農薬が流出したことによるというものであった。この七月には、国会で公害基本法が成立している。八月三〇日には、厚生省食品衛生調査会は新潟水俣病は昭和電工の工場廃液に由来する疑いが強いとの答申を厚生大臣に提出した。三一日の熊本日日新聞は、「第二水俣病調査会　厚相に答申　逃げ腰の答申案」とあいまいな結論を批判している。九月一日には、四日市公害病患者九名が六社を相手どり、一、八〇〇万円の損害賠償を請求して訴訟をおこした。石油コンビナートの大気汚染による個別工場を特定できない複合汚染を問題にした困難で、新しい訴訟の始まりである。一〇月二五日の熊本日日新聞は、「病魔と闘う一〇年間　水俣病その後の周辺　重症患者まだ一六人、　子供の願い　いつ学校へ行けるの」と注目すべきフォロー記事を書いている。一一月には、水俣病の子供を励ます会が、愛の手紙と手芸品の即売会を実施している。この会は三九年八月に熊本短期大学社会事業研究会（指導・内田守教授）を中心に結成されたものである。

### 水俣病対策市民会議の結成

四三年一月五日には、通産省は有機水銀の汚染源については未だ資料不十分との「新潟県阿賀野川流域における水銀中毒事件に関する研究」に関する見解を発表した。一二日には、一般市民よりなる水俣病対策市民会議（会長・日吉フミ子水俣市議）が結成された。水俣病発生後初めての患者支援のための市民運動がここに誕生した。一一日の熊本日日新聞は、「患者支援組織つくる　新潟からの水俣訪問を機に」と報じた。二一日には、新潟水銀中毒被災者の会、新潟県民主団体水俣病対策会議、新潟水俣弁護団など一二名が水俣を訪問、水俣病患者の交流が実現した。二四日には、水俣病患者家庭互助会、市民会議、新潟被災者の会、新潟県民主団体水俣病対策会議は共同声明を発表した。三〇日の熊本日日新聞は、「水俣病一二年目の衝撃　新潟の視察団

が教えたもの　なぜ黙っている　支援組織の強さまざまざ　もっと市民との一体化を」と論評している。

三月四日には、水俣病患者家庭互助会は家庭療養、個人病院での療養内容の改善などを検討している。八日には、衆院予算委で、水銀中毒事件に関して政府は原因追及を曖昧にしていると追及されている。九日には、富山県神通川流域のイタイイタイ病患者と遺族二八名が三井金属神岡鉱業所に慰謝料六、一〇〇万円の鉱業法にもとづく損害賠償訴訟をおこした。一五日には、水俣病患者家庭互助会、市民会議は熊本県議会に「チッソの見舞金は生活保護の収入認定対象より除外してほしい。就職・転職の斡旋を積極的にやってほしい。心身障碍児を対象とした特殊学級を湯の児病院に新設してほしい」と請願した。二四日には、熊本県人権擁護委員連合会は水俣病の原因を国が曖昧にしていること、患者への見舞金がきわめて安いことは人権問題だとの見解を発表した。二六日には、水俣病患者家庭互助会、市民会議、新潟水銀中毒関係代表団とともに、厚生、通産省、科学技術庁に、新潟水俣病と同時に水俣の水俣病についても正しい結論を早くだすよう陳情した。二七日には、厚生省イタイイタイ病調査研究班は、イタイイタイ病の原因の主体は神岡鉱業所にあると発表した。二八日の熊本日日新聞は、「神岡鉱業所が原因の主体　富山のイタイイタイ病　付近に濃いカドミウム　厚生省調査班が結論」と報じた。

四月には、チッソの水俣病患者に対する見舞金が再改定され、年金は成人一四万円、未成年七万五〇〇〇円となった。五月八日には、厚生省は神通川流域のイタイイタイ病の原因は三井金属神岡鉱業所の排水によるもの以外には考えられないと発表した。同日、富山県知事は三井金属に損害賠償を要求すべきものがあると発言している。一五日には、総評は中央社会保障協議会主催の公害対策全国連絡会議を開催した。同日、園田厚相は「まだ政府の最終結論が出ていない水俣病の原因については、阿賀野川水銀中毒事件と同時に最終結論を出す」と発言している。一六日には、水俣病対策市民会議代表は富山県婦中町にイタイイタイ病患者を訪問し交流した。二四日には、イタイイタイ病損害賠償訴訟の口頭弁論が富山地裁で開始された。二五日の熊本日日新聞は、「原・被告冒頭から対立　イタイイタイ病公判始まる」と報じている。この五月にチッソはアセトアルデヒドの生産を中止した。七月六日には、園田厚相は「水俣病は原因究明の再調査を行なわない。過去のデータで十分」と発言した。八日には、新潟水俣病の民事訴訟で被災者の会・近喜代一会長ら一六家族二一人が昭和電工を相手に約四〇〇〇万円の慰謝料請求の第二次訴訟を起こした。八月八日の熊本日日新聞は、「問い合わせや予約取り消し　再燃した水俣病問題　困った旅館、漁協。チッソ支社、事情説明にヤッキ」と新潟水俣病の発生による水俣現地の困惑を伝えている。一四日には、厚生省は「水銀汚染暫定対策要領」を通達した。また、「特定毒物による環境汚染規制法案」を次の通常国会に提出する方針を決定している。二二日には、熊本地方法務局は人権擁護委員連合会の依頼で水俣病患者家庭の生活実態調査を始めている。

## 工場の細川実験表面化

八月二七日の朝日新聞は、「水俣病究明に新事実　廃液飲んだネコ発病　会社九年

前に秘密実験　有機水銀を抽出　会社の精留塔から　チッソ支社長・研究報告は知らない　鰐淵元調査会長・工場の良心を疑う」と三四年の細川実験の存在をスクープした。朝日新聞は翌二八日、続報として、「患者や地元に大ショック〝隠されていた〟水俣病　工場の実験が裏目　互助会長・いまとなってはおそい。だまされていた。市民会議会長・なおさら市民組織の必要を痛感する。市民病院長・国は何をしている。チッソ労組・会社の態度に恐怖。チッソ新労・経営と公害は別」「当局複雑な反応　水俣病実験問題　会社側、知らぬと強気」「まだ廃液が一〇〇トン　設備変更で残る　有機水銀がいっぱい」と報じ、さらに二九日、「こっそり流していた有機水銀　熊大の測定値が証明　チッソ水俣工場　魚介三ヵ月で汚染」と報じている。二八日には、水俣地区労加盟組合定期三役会議で、水俣病闘争体制を協議した。二九日には、チッソはアルデヒド設備の廃止に伴い、有機水銀廃液約一〇〇トンを日本合成化学工業を通じて、韓国への輸出を計画していたが、労組の抗議で中止されるという一幕もあった。同じく二九日には、熊本県議会厚生労働委で水俣病に関し、県当局の被害者保護、廃液監視対策を追求している。三〇日には、熊本地検は水俣病の見舞金契約内容に関して、刑事責任立件上の問題点を現地調査した。この日、チッソ労組定期大会で、水俣病患者家庭の支援を決議した。三一日、朝日新聞は、「薄らぐタブー意識　水俣病　市民の関心も高まる　対策市民会議　機関紙通じて訴え」と報じている。

九月、出水市は水俣病の潜在患者の実態調査に乗り出した。五日の朝日新聞は、「水俣病患者・遺家族励ましへ　県総評が支援体制　熊本、カンパ法廷闘争」と、熊本での訴訟の動きが表面化した。

## 政府見解、水俣病の原因は工場のメチル水銀と断定

九月六日には、水俣市議会公害対策特別委はチッソ工場を調査、工場は国の結論に従い、必要なら患者と交渉すると言明している。七日には、寺本知事も「責任の所在が明らかになった段階で、補償の再斡旋に乗り出す用意がある」と述べている。八日の朝日新聞は、「水俣病の原因は工場廃液。政府の見解まとまる。チッソ側の責任明

示。新潟も昭電側に要因。公害として患者対策」「水俣病　遅すぎた政府見解　戻らぬ我が子の命　僅かな補償金で……　弱かった地方自治体　人間尊重の道義心を」「晴やか　患者・遺家族　水俣病の原因の政府見解　一五年ぶりの笑顔　責任追及に力得る　互助会長談・待ちに待った結論　世良名誉教授談・当然の結論でる」とスクープしている。九日には、厚生大臣は「水俣病、新潟水俣病ともに公害認定の方向で、一九日までに結論を出す」と言明した。同日の朝日新聞は「政府見解に不満　新潟の被災者ら」「しあわせはもう返ってこない　水俣病患者の生活実態　かさむ一方の借金　冷たかった周囲の目」「青空が青く見える　立ち上がった水俣市民　これで意見率直に補償や治療にまだ不安」と続報した。また、同日、水俣市衛生課は、水俣病患者の実態調査に乗り出した。橋本市長は「胎児性水俣病患者のための特殊学級やコロニーなどを設置する」と言明している。一〇日には、衆議院産業公害特別委は水俣病をめぐって質疑、政府は「その他の重金属も含め規制法案を考慮中。企業の無過失責任立証問題は法務省と検討中。新製法許可に当たって改善命令を法制化したい。水俣病についても、さかのぼって新制度による解決も可能」と一転して積極的な意向を表明している。厚生大臣は「水俣病に関して、会社側に補償金契約を再検討するようすすめた。厚生省としても公害病としてはっきりした患者援護対策を講じるよう立案中」と言明した。寺本知事はチッソ支社長との会談内容を報道陣に「チッソは互助会との契約を忠実に実行していない。浄化装置完成後も有機水銀は排出。三四年あっせん前に、チッソはネコ発病実験で工場廃液が水俣病の原因であることを知っていたことを追求した」と語っている。同日、チッソ労組は水俣病に関して、「工場廃液のネコ投与実験結果を公表せよ。サイクレーターが水銀除去に有効かどうか公表せよ。会社として水俣病の結論を出せ。水俣病患者家庭互助会、漁民への補償をやり直せ。工場排水の公共監視体制を確立せよ。水俣病を発生させた企業の経営者としての責任を明らかにせよ」と会社に申し入れをしている。同日の熊本日日新聞は、「水俣病公害認定へ　園田厚相が言明　企業の社会的責任強調」「チッソ談・政府見解には従う　互助会と話し合いも　互助会長談・やっと認められる……　入鹿山教授談・後始末完全に　市長談・当然国への要求も　知事談・再あっせんも考慮」と報じた。一一日の朝日新聞は、「訴える　長い苦しい道……主婦作家の訪問に水俣病患者ら　国も世間も冷たか　救いのない無力感」と石牟禮道子氏の今までの患者訪問についても触れている。一二日には、チッソ新労は会社に水俣病問題について要望書を出している。「今日最大の問題は、いたずらに過去を掘り起こすのではなく、遺族や患者に物質的、精神的救済を与え、今後再びこのような悲劇を繰り返さないよう万全の対策をたてること。更に、明るく平和な水俣市の建設と繁栄を図ること」というものであった。同日、寺本知事は「チッソ工場の塩化ビニール排水に有機水銀の含まれる疑いがあるので熊本大学に調査を依頼する。公害認定後、県が最初にやるべきことは見舞金の引き上げだ」と言明している。この日の朝日新聞は、「どうなる水俣病訴訟　複雑な患者互助会　年金打ち切りの恐れ　反対派・さきの生活が不安　賛成派・絡む訴訟せぬの申し合わせ」と、互助会が訴訟をめぐって苦悩している模様を伝えている。同日、熊本県評は、水俣病患者・家庭の全面支援、会社への損害賠償、慰謝料請求訴訟を最重点とし、組合員一人一〇〇円カンパの方針を決定した。一三日には、水俣市主催で初の水俣病死亡者合同慰霊祭がとりおこなわれた。同日、厚相は一日内閣において「公害対策に関して人命尊重が第一。四日市の公害問題対策協議会を三〇日に発足させたい」と発言している。同日の熊本日日新聞は、「胎児性患者も回復できる　六年間の追跡調査　常識を破る効果　系統的な療育と看護で　立津熊大教授が画期的な見解」「私はチッソにだまされた。水銀廃液、社長が飲んで見せたのはただの廃水。浄化装置はみせかけ?ニガリ切る寺本知事」と報じた。また同紙は、「阿賀野川　いぜん多量の水銀　第二水俣病　新潟県衛研が検出」と報じている。熊本県衛生研も水俣市周辺住民の毛髪水銀調査再開を決定している。一四日には、水俣各区駐在事務所長会代表は、「水俣市はチッソに対して、水俣病の政府認定に従い、企業としての責任を果たせ。責任を自覚して被害者の援助・救済に努めよ。チッソの事業縮小、撤退方針を撤回し、水俣市発展を期すよう全力を尽くせ」と申し入れた。同日、チッソ新労は水俣市長に互助会を分裂支配しようとする団体を排除し、全市民が参加できる活動組織をつくれと要望、市民会議への敵意をあからさまにしている。朝日新聞は、「チッソ支社長、遺影にわびる。水俣病、初の合同慰霊祭開く。きびしい視線浴び。遅すぎたと遺族・患者。はじめて下げた頭。不信の中の慰霊祭。反応薄い遺族席。列席者の心はバラバラ」「水俣病究明。実った一〇余年の苦心　熊大医学部研究班　排水早くから疑惑。工場、閉鎖的で確認とれず　ひどい圧迫、反論、作為。誠意がなかった政府。事実究明に大きな教訓」と報じている。熊本日日新聞は、「水俣工場再建で重大示唆。江頭チッソ社長・事業縮小あり得る。微妙な現地情勢が支障」と報じた。一五日には、水俣病患者家庭互助会は、臨時総会を開催し、「従来の会社との契約書は一応白紙にかえす。胎児性患者・死亡患者・一般患者・死亡家族など四グループごとの補償要求を出して再交渉する。交渉は会社との自主交渉を原則とし、難航した場合は知事らの調停再斡旋を要請する。最悪の場合は訴訟に踏み切る」という方針を決定し、新会長に山本亦由氏を選出した。この日、チッソ労組は「水俣病問題で市民のなかの会社責任追及の動きに対し、再建計画で脅しにかけた卑劣なやり方だ」と会社、新労の批判を市民にアピールしている。朝日新聞は、「水俣病、市民感情は複雑　迷惑顔の漁民ら　問いに背を向ける人も　チッソ、今は工場を市がおんぶ。市長後援する工場幹部。裏切りと怒る革新派」「撤退におわす回答。チッソ、新労の要望に対し」と報じた。他方、新潟では新潟大学滝澤助教授が昭和電工鹿瀬工場の水銀カスより二，四㏙のメチル水銀を検出したと発表した。また、朝日新聞は、「新潟水俣病　原因に重大資料　化学反応式の写し発見。メチル水銀検出したカスも保存」と報じている。一六日には、厚相は公害紛争処理機関としての中央公害審議会は独立機関が適当と総理府設置案を批判し、「紛争処理に関する法案を次期国会に提出したい、公害行政の窓口を厚生省に一本化する方向で進める」と言明している。同日、水俣市は、水俣病患者医療費の助成措置改善を国に要求する方針を決定した。一方、互助会の山本会長、中津副会長は市民会議に脱会届けを提出している。一七日には、新潟水俣病被災者代表は来新中の衆議院産業公害対策特別委に「有毒魚の一掃。水銀を蓄積した川底の泥の除去。昭電鹿瀬工場のカーバイトかすの流出対策で政府の結論を早く出す」よう陳情した。一八日には、チッソ副社長は「水俣工場の再建計画は既定方針通り実施する。縮小・撤退の考えなし」と言明した。同日、湯の児観光協会代表はチッソに水俣病問題の早期解決と再建計画の遂行を要望している。一九日には、患者家庭互助会は交渉委員の初会合を開くが、交渉方針は持ち越している。同日の熊本日日新聞は、「政府見解の発表待ち　県の水俣病対策　立たぬ療育、救済策　排水監視など問題山積。事前に働きかけ望む声」と報じた。また、同日、水俣商議所代表はチッソに、水俣病患者に対する積極的な補償問題の解決と市の発展に影響する工場再建に努力してほしいと要望している。二〇日には、園田厚相が来熊し、「補償問題は県、市、患者、工場、労組による協議会で解決してほしい。場合によっては直接仲介の労をとっても良い。コロニーには全面協力」と言明した。さらに、水俣病の政府見解は新潟水俣病と同時に二七日に発表することを示唆した。この日、県議会では水俣病に関して質疑、知事は「契約の四・五条（原因が工場と判明しても再補償はしない）は交渉の最終段階で会社が追加したものであって、変更するのが適当」「公害調査室を課にしたい。県公害防止条例は政府の施策と合わせて改正を考えたい」と答弁している。同日、チッソ副社長は、工場の撤退は考えないが、再建計画を再検討すると言明した。この日、熊本県教組葦北・水保支部は袋小・中校区の生徒を対象に潜在患者の実態調査を検討している。これは、三年後にようやく熊本大学の手により実現することになる。同日、熊本日日新聞は、「再建計画の遂行も　チッソ水俣工場　地元の要望相次ぐ」「両労組がチラシ合戦　チッソ水俣工場あきあきと市民側」と報じている。

二一日には、新潟水俣病弁護団が来水し、互助会・市民会議と補償問題などについて懇談した。同日、知事は厚相に、公害に対する紛争処理制度の立法化などを要望している。二二日には、厚相は水俣市を視察した。水俣市、互助会、市婦連より陳情。現地決済で、患者付き添い看護人の増員、水俣湾水質検査の恒常化を決定している。二三日には、すでに訴訟の意志を一二日に表明している上野栄子氏は「訴訟を起こす決意に変わりはないが、その前の話し合いは互助会と行動を共にする」と語っている。二四日には、水俣市議会で市立病院の大橋院長は「積極的な潜在患者の調査が必要」

と答弁した。この日、厚相は鍋島科学技術庁長官と政府見解について協議している。二五日には、水俣病に関する政府見解の最終原案がまとまっている。この日、水俣では、商議所、観光協会、チッソ下請協会、建設業協会、婦人会連合会など約三〇団体で水俣病問題の早期解決とチッソ工場の再建五ヵ年計画の遂行を要望し、純粋な気持ちで全市民が一丸となり水俣に蓄積された病弊を一掃し、信用を回復して、再び明るい前途ある水俣市作りを達成しようと、水俣市発展市民協議会が結成された。

二六日には、政府は熊本県水俣湾周辺と新潟県阿賀野川流域の水俣病についての見解を正式に発表した。熊本の水俣病は厚生省が「新日室水俣工場のアセトアルデヒド硫酸設備内で生成されたメチル水銀化合物が原因である」と断定。新潟の水俣病は科学技術庁が「昭電鹿瀬工場のアセトアルデヒド製造工程中に副生されたメチル水銀化合物を含んだ排水が中毒発生の基盤」との技術的見解を発表。厚生省は、新潟の水俣病も「公害病」との認定を下した。この日、通産省は水銀を使用する化学工業三五社四九工場に「メチル水銀による汚染を防ぐよう万全の措置を講じてほしい」と通達。自治省は「自治体としては住民の健康と安全により重点をおくべき。公害行政の主務官庁は厚生省に一元化し、実際の規制権限は大気汚染、水質汚濁、地盤沈下は都道府県知事に、騒音は市町村長に委譲するよう主張する」と声明。寺本知事は「今後工場誘致には公害防止を第一に考え、公害を起こす危険性のある工場は誘致したくない」と語った。新潟大学椿教授は、新潟水俣病の政府見解に対して「学問的結論とはいえない。政治的見解である」と、そのあいまいさを批判した。チッソ江頭社長は「患者遺族に改めてお詫びする。補償は誠意をもって話し合う」と言明、さらに「水俣工場再建五ヵ年計画の見通しは労組、地元の協力次第」と述べる。安西昭和電工社長は「政府見解を検討したうえ態度を決める。工場の排水が原因でないとの信念は変わらない」と言明。チッソ水俣支社長は、政府見解の発表に伴い、互助会幹部宅を謝罪訪問。水俣病対策市民会議は「水俣病の原因を政府に確認させるという第一目標は達成した。世界のミナマタになった当市が、この苦しみを教訓にして人権の重んじられる町に生まれかわることができるかどうかを見届けたい」と声明を発表。新潟水俣病被災者の会の近会長は「被災者無視、企業擁護の政府姿勢に絶望を感じる」と声明。互助会の山本会長は「補償交渉には会員の総意で臨む」と言明している。

二七日の朝日新聞は、「水俣病の企業責任を明示。政府見解、正式に発表。チッソに原因と断定」「新潟は昭電排水に基盤。被害者救済に動く。補償にも影響。公害政策に新局面」「これでいいたいことが……。水俣病、政府の見解発表、患者家族にやっと光。チッソ支社長、各戸をめぐって謝罪。がんばってよかった、熊大、よろこびかみしめる研究班。わびようもない、チッソ支社長。結論遅れてすまぬ、沈痛な面持ちで語る厚相」。同日の熊本日日新聞は、「水俣病は公害と認定。厚生省、科学技術庁が政府見解。原因はチッソの廃液。熊大の研究結果を採用。新潟は企業責任不明。すっきりせぬ新潟。あまりにも遅い決断。患者救済の立法へ」「苦闘の一五年　水俣病　発見から終止符まで　全て県人の手で」「この日待った　政府見解に現地の明暗　ホッと安どのため息　なお残る前途の不安」と報じている。

ここまでが年表の内容である。やや煩雑かつ読みにくい文章になってしまった。しかしながら、医学、行政、企業、それを取り巻く社会の動きがお互いに絡み合いながらあぶりだされるさまが、六〇年を経た今日、あらためて痛切な感懐をもって明示されるように思う。

# おわりに

高度成長期の企業最優先のさなか、公害の原点とされる水俣病がどのように扱われていたのか、地球温暖化を何としても防がなければならない今日において、改めて銘記すべきことは少なくない。

第一は、企業責任と予防原則をめぐる一連の動きである。原因物質そのものが確認されるまでは、責任を徹底的に逃れ、何ら手を打たなかった企業の責任にからむ。工場の排水が強く疑われたのは、患者発見の僅か五ヵ月後である。熊本県はこのとき、伝染性疾患として予防課が主管していたものを公衆衛生課に移管している。中毒性疾患と認識したのである。翌年の八月には県議会は「販売の目的を以ってする水俣湾内の漁獲禁止」措置を決定している。この決議に基づいて熊本県は厚生省に食品衛生法の適用を問い合わせている。本来、この権限は県にあるにもかかわらず、なぜ問い合わせたのか。浜名湖の自然中毒と異なり、人為汚染、それも日本を代表する化学工場が強く疑われている。自ら決断を下さず、責任を国に負わせようとしたのである。先に触れたように、厚生省は「水俣湾内の魚介類のすべてが有毒化している明らかな根拠はない」とする、食品衛生法そのものの趣旨に反する詭弁で、これを退けている。食品衛生法による法的規制は最後まで実現することはなかった。これを最も早くから主張したのは熊本大学研究班であった。しかし、行政は学者には原因究明をのみ求め、余分な口出しをするなという姿勢であった。熊本県も再三、厚生省に対して要望している。しょせん県は政府に対して要望・陳情する存在でしかなかった。

なかでも企業を擁護する通産省は、厚生省よりはるかに強い政治力を持っていたことが分かる。原因物質がメチル水銀化合物と判断した研究班を即日解散させ、研究の主管を経済企画庁に移管させたのはときの通産相である。その表向きの理由は、工場は触媒として無機水銀のみ使用していたにもかかわらず何故メチル水銀か、さらにはメチル水銀化合物の構造式は何か不明である以上、工場の責任をうんぬんするのは早計であるという論法である。しかし、三〇年代始めの頃、当時の化学工業において、ビニールなどの製造に不可欠の中間製品であるアセトアルデヒドの生産工程で触媒の無機水銀がメチル水銀に変化することは諸文献で明らかにされていたことである。まして、熊本大学は三三年にはメチル水銀説を唱えていたことを思えば、あり得ない不作為である。さらには、三四年には、新日窒附属病院の細川院長が工場廃液を用いたネコ投与実験で水俣病と同様の症状を再現し、この実験を中止させているのである。

因みに新日窒の刑事責任の追及は、被害者の告訴を受けて、五一年にようやく始まっている。遅くとも、この三四年は被害者の一層の拡大を防ぐために、新日窒に操業停止か、漁獲の禁止が決断されるべきであった。さらには、三八年、熊本大学の工場残渣そのものからのメチル水銀化合物の検出の後も、対策は放置され、新潟水俣病を起こすに至るのである。

このような行政の不作為に加担したのは学界の権威者と業界団体である。三四年には、日化協はなんの根拠もなく旧海軍によって水俣湾内に投棄された爆薬説を持ち出し、メディアを賑わせた。更に、東京工業大学の清浦教授を招き、水俣湾の海水を検査させ、水銀汚染はひどくないとの報告を通産省は喧伝した。食物連鎖の重要性を理解しない、ただの分析屋であることがすぐに明らかになる。彼は三五年には有毒アミン説を発表するなど盛んに活動するが、通産省に利用され、政府の統一見解を妨害する役割を果たして姿を消す。さらには、日化協は日本医学会長の田宮猛雄氏を担ぎ出し、学界の大御所を集めて〝水俣病研究懇談会〟(田宮委員会)を設けた。しかし、何らの成果も上げることなく、ただ有機水銀説を宙吊りにするという役割を果たし、田宮氏の死亡とともに自然消滅している。科学者の倫理の在り方について大きな教訓を残したものである。

最後に健康調査についても触れておきたい。三五年までに、行政では潜在患者の発見の努力をしている。また、三五年には熊本大学が袋湾周辺住民の健康調査を試みている。その結果は公表されていないが、三八年の論文で徳臣助教授は三六年頃より患者発生は終息に向かっていると記している。当時の健康調査は診断基準に沿った〝患者〟の有無・所在を確認するものであったことを理解する必要がある。水俣病は未知の疾患であるがゆえに、業界・権威者あげての反論の嵐の中で、臨床的にもメチル水銀の典型症状であるハンター・ラッセル症候群の確認が至上命題であった。健康調査は、その時の疾病概念に合致する症例の発見が何より求められたのであり、疾病概念そのものを論じようとの発想はなかったのである。四日市の疫学的知見が裁判に採用されたように、その後の多くの経験を経て、メチル水銀汚染地域住民の健康状態をまるごと把握し、その健康の程度、さらに絞って言えば神経症状のいわばグラデーションを解析するという発想は四〇年代半ばまで待たなければならなかった。それを初めて詳細に解析したのが四七・四八年の熊本大学第二次研究班の業績である。ケース・ファインディング（患者検出）と汚染地域住民の疫学調査とは、その概念は必ずしも一致しないことを強調しておきたい。

なお、本書の構成にあたり、医学的事項、行政事項、社会事項を分けて記述するのが理解しやすい、前後の関係が解りづらいとの見方も当然あると思われる。しかし、これらの事項は、お互いに絡み合って進行しているのが実情であり、あえて時間軸を中心に記載した次第である。

本書の発刊にあたり、廣島正氏には大変お世話になった。同氏なくしては本書が世に出ることはなかった。ここに感謝の意を表する。

著者プロフィール
二塚　信（ふたつか　まこと）

1939 年　熊本市で出生
1964 年　熊本大学医学部卒業
1969 年　熊本大学大学院修了　水俣病の研究に従事
1969 年　熊本大学助手（公衆衛生学）
1987 年　熊本大学教授（公衆衛生学）
2005 年　九州看護福祉大学学長
2014 年　熊本機能病院顧問
2015 年　NPO 法人熊本高齢社会活性化研究センター所長

水俣病小史

2017 年 4 月 10 日　初版

著者　二塚　信
発行　熊本出版文化会館
熊本市西区二本木 3 丁目 1-28
☎ 096（354）8201（代）
発売　創流出版株式会社
【販売委託】武久出版株式会社
東京都新宿区高田馬場 3-13-1
☎ 03（5937）1843　http://www.bukyu.net
印刷・製本／モリモト印刷株式会社
※落丁・乱丁はお取り換え致します。

ISBN978-4-906897-41-4　C0220

定価はカバーに表示してあります